Marlies Koenen

Das Zahlen Spiel

arsEdition

Liebe Eltern,

irgendwann hat Ihr Kind für sich herausgefunden, dass die Dinge um es herum sich auch mithilfe von Zahlen beschreiben lassen … 3 Stufen führen zum Haus … 5 Autos parken im Hof … 1, 2, 3, 4, 5 Finger sind eine Hand … 2 Hände, das sind 10 Finger … Bald werd ich 6, das ist so viel wie … Zahlen und Mengen können größer und kleiner werden, viel oder wenig sein. In solchen Erfahrungszusammenhängen denkt und handelt Ihr Kind jetzt und erweitert damit sein »Weltwissen« um neue wichtige Erkenntnisse.

Das vorliegende Zahlen-Spiel fördert und bestärkt dieses Forscherinteresse. So finden sich neben der Box mit den 21 farbigen Rechenkarten und 40 Schaumstoffzahlen eine Vielzahl an Ideen für den Umgang mit Zahlen und Mengen in diesem Heft, beispielsweise:

- aus dem Zahlenkreis eine Zahlenfolge entstehen lassen
- Zahlen ordnen und zuordnen
- erstes Wissen in Zahlen darstellen
- Vorgänger- und Nachfolger-Zahlen finden
- Detektivfragen lösen
- Mengen auf einen Blick erkennen
- Zahlen »aus dem Kopf« hersagen
- herausfinden: Was ist anders? Was ist gleich?
- eine Geschichte zum Mitzählen kennenlernen

Mit jeder gelösten Ideen-Seite dringt Ihr Kind somit einen Schritt weiter in die Welt der Zahlen und Mengen vor, lernt das Auf- und Abzählen, das Umgehen mit dem Zahlenstrahl, das Vergleichen und Entdecken von Unterschieden. Von daher ist die Zahlen-Box ein erprobtes Spiel- und Lernmaterial für das Vorschulalter.

Wir wünschen Ihrem Kind beim Knobeln und Lösen viel Freude.

Marlies Koenen
Sprachpädagogin, Fach-
referentin und Buchautorin,
Berlin

Die Lernraupe-Lösungen finden Sie jeweils am unteren Seitenrand.

Mengen und Zahlen

Nimm die beiden Karten mit den Zahlen und Mengen von 0 bis 10.

Zähle und sprich: 0, 1 Mond, 2 Mäuse …

Setze dabei die Zahlen aus der Box
zu den Bildchen.
Warum hat die Zahl Null kein Bild?
Kannst du es erklären?

Was fehlt?

Schau genau und zähle.
Lege dann die richtige Zahl zum Bild.

Aus der Zahlenreihe von 0 bis 10 fehlen zwei Zahlen.

Welche sind es?

Male in die beiden leeren Kästchen die fehlenden Mengen hinein und lege die Schaumstoffzahlen hinzu.

Die Gegenstände zum Malen (z. B. Perlen, Buntstifte, Kronen) kannst du dir selbst ausdenken.

4 Marienkäfer, 2 Blumen, 1 Biene, 10 Bälle, 7 Lollis, 8 Sterne,
6 Erdbeeren, 3 Mäuse, 0
Es fehlen die 5 und die 9.

Wissen in Zahlen

Wie viele Finger hast du an einer Hand?

Wie viele Zehen hast du an beiden Füßen?

Wie viele Personen leben in eurer Wohnung?

Wie viele Klingelknöpfe gibt es an eurem Haus?

Wie viele Äpfel kannst du mit beiden Händen tragen?

Wie viele Haselnüsse passen auf einen Teelöffel?

Wie alt wirst du an deinem nächsten Geburtstag?

Wie viele Buchstaben hat dein Name?

Tippe auf die richtige Zahl.

0 1 2

3 4

5 6 7

8 9

10

Zähle auf!

Verbinde die Zahlen im Zahlenkreis in der richtigen Reihenfolge miteinander.

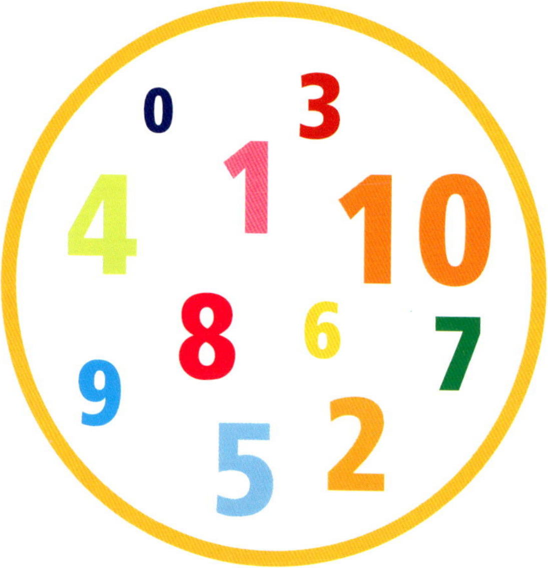

Nenne die Zahlen danach noch einmal in ihrer richtigen Reihenfolge:

0 1 ...

und rückwärts:

10 9 ...

Zerlegen von Zahlen

Ergänze die fehlenden Zahlen.

4 = ☐  + 2 

5 = ☐  + 3 

10 = ☐  + 5 

6 = ☐  + 3 

4 = 2 + 2, 5 = 2 + 3, 10 = 5 + 5, 6 = 3 + 3

Zeichne die fehlenden Gegenstände in die Kästchen.

9 = 4  + 5

8 = 4 + 4 

2 = 1  + 1

3 = 3  + 0

0 — 1 — 2 — 3 — 4 — 5

Vorgänger und Nachfolger am Zahlenstrahl

Zeige und nenne:

Welche Zahl kommt hinter 2? 2 — ◯

Welche Zahl kommt vor 5? ◯ — 5

Welche Zahl kommt vor 7? ◯ — 7

Welche Zahl kommt hinter 9? 9 — ◯

6 — 7 — 8 — 9 — 10

Stell dir selbst, im Wechsel mit einem anderen Kind, solche Knobelaufgaben wie auf der linken Seite.

Könnt ihr die Aufgaben auch lösen, ohne auf den Zahlenstrahl zu schauen?

2–3, 4–5, 6–7, 9–10

Was ist mehr?

oder

8

6

oder

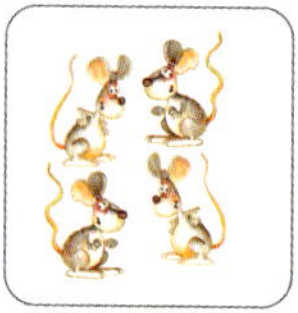

2

4

Vergleiche und kreise ein.

oder

10	3

oder

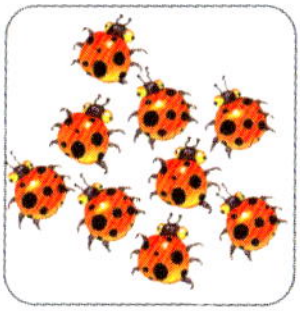

7	9

8>6, 2<4, 10>3, 7<9

Detektive, aufgepasst!

Höre die Geschichte und zähle, wie viele Äpfel die Maus in ihr Loch trägt.

Eine Maus entdeckte des Nachts unter dem dicken, alten Apfelbaum 5 kleine, gelbrote Äpfel. Das ist bestimmt ein guter Wintervorrat für mich!, dachte die Maus und rollte geschwind einen (1) Apfel in ihr Mauseloch. Als sie am folgenden Abend wieder einen (1) Apfel holen und in ihrem Loch verstecken wollte, wurde sie von dem dicken Kater Willi überrascht. Mit knapper Not erreichte die Maus ohne den Apfel ihr Erdloch. An diesem Abend traute sie sich nicht mehr hinaus. Aber am nächsten Abend schaffte sie es, einen (1) weiteren Apfel in ihr Loch zu tragen. Flink lief sie noch einmal zurück. Doch der Apfel, den sie da jetzt vor sich herschob, war viel zu groß.

Er passte einfach nicht durch die Öffnung ins Mauseloch hinein. Schade!
Allerdings hatte die Maus am folgenden Abend wieder Glück. Ein (1) weiterer Apfel plumpste ganz leicht durch das Loch ins Mauseversteck.
Am nächsten Tag stürmte es draußen so heftig, dass die Maus froh war, genug zum Fressen zu haben. Sie knabberte und nagte, kaute und schluckte, bis sie einen (1) Apfel vollständig verspeist hatte. Einige Tage später begann es zu schneien. Jetzt konnte die Maus nicht mehr hinaus. Aber sie hatte ja ihren Wintervorrat.

Hast du mitgezählt?
Wie viele Äpfel hat die Maus ins Mauseloch geschafft?
Einen Apfel hat sie verspeist.
Wie viele Äpfel hat sie jetzt noch für den Winter?

Die Maus hat 3 Äpfel ins Mauseloch gebracht. Einen (1) Apfel hat sie verspeist – jetzt hat die Maus nur noch 2 Äpfel für den Winter.

Was ist weniger?

oder

3

8

oder

2

1

Vergleiche und kreise ein.

oder

9

5

oder

7

6

3 < 8, 2 > 1, 9 > 5, 7 > 6

Nummern, aus dem Kopf

Diese Zahlen kannst du dir bestimmt schon merken!

Welche Nummer hat euer Haus?

Schau nach und lege eure Hausnummer mit den Zahlen aus der Box.

Male sie anschließend in verschiedenen Farben noch einmal auf ein Blatt Papier.

Welche Rufnummer hat euer Telefon?

Lass sie dir von jemandem ansagen und lege sie dabei mit den Schaumstoffzahlen aus der Box. Schreibe sie dann selbst noch einmal ab.

Vielleicht kannst du sie schon bald auswendig hersagen!

Kleine und große Mengen auf einen Blick

Nenne die Würfelpunkte und lege die richtige Zahl daneben.

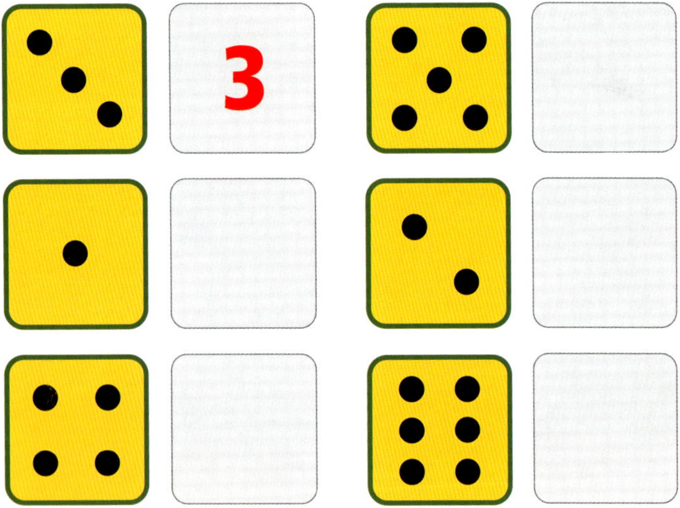

Spielt jetzt zu zweit.
Es wird abwechselnd gewürfelt.

Wer nennt als Erster die richtige Punktzahl?

Probiert das Spiel auch mit zwei Würfeln.

Wie viele Punkte wurden hier gewürfelt?

Zähle die Punkte zusammen.

1, 4, 5, 2, 6,
5 + 6 = 11

Was ist anders?
Was ist gleich?

Wie viele von diesem Lolli findest du auf der rechten Seite?

Schau genau und kreise ein.

2 Lollis entsprechen der Vorlage:
der erste und der fünfte von links

Memo-Spiel für Zahlenfüchse

Gestalte ein Memo-Spiel mit Mengen und Zahlen.

Du brauchst dazu ein Stück festen Karton und 22 Memo-Kärtchen (5 x 5 cm).
Lass dir beim Aufzeichnen der Kärtchengröße helfen.
Schneide alle Kärtchen aus.

Schreibe dann auf jedes Kärtchen eine Zahl von 0 bis 10.

Auf die übrigen Kärtchen malst du verschiedene Gegenstände oder Tiere in den Mengen von 1 bis 10.
Das Mengen-Kärtchen für die Null bleibt frei.
Das Spiel kann mit mehreren Personen gespielt werden.

Viel Spaß!

6
3
3
2
2

Ein Ballspiel zum Mitzählen

Lass dir die Geschichte vorlesen und zähle mit.

Ein Junge besaß ein Netz mit 10 Bällen: große und kleine, bunte und einfarbige, Bälle aus Gummi oder Stoff, glatte Bälle, Fußbälle und solche mit vielen kleinen Noppen …
Doch der Junge achtete nicht darauf, wohin er seine Bälle warf.
So wurden es immer weniger …
Ein Ball fiel zwischen die Rosensträucher.
Da waren es nur noch (9).
Ein Ball wurde von einem Auto platt gefahren.
Da waren es nur noch (8).

Ein Ball flog in die Regenrinne.
Da waren es nur noch (7).
Ein Ball zerplatzte auf der heißen Herdplatte.
Da waren es nur noch (6).
Ein Ball sprang in hohem Bogen mitten
in eine Baugrube.
Da waren es nur noch (5).
Ein Ball rollte auf die Schienen.
Da waren es nur noch (4).
Ein Ball knallte durch ein offenes Kellerfenster.
Da waren es nur noch (3).
Ein Ball wurde von einem Schäferhund zerbissen.
Da waren es nur noch (2).
Ein Ball hüpfte am Obststand zwischen die Äpfel,
Melonen und Pfirsiche und war verschwunden.
Da war es nur noch (einer/1).
Ein Ball kullerte in ein Mauseloch.
Da …

Weitere Vorschul-Bilderbücher in der Reihe Lernraupe

ISBN 978-3-767-3242-8

ISBN 978-3-7607-2853-7

Mit 43 farbigen
3D-Buchstaben und
21 Bildkarten
ISBN 978-3-767-3285-3

Zu bestellen unter www.arsedition.de